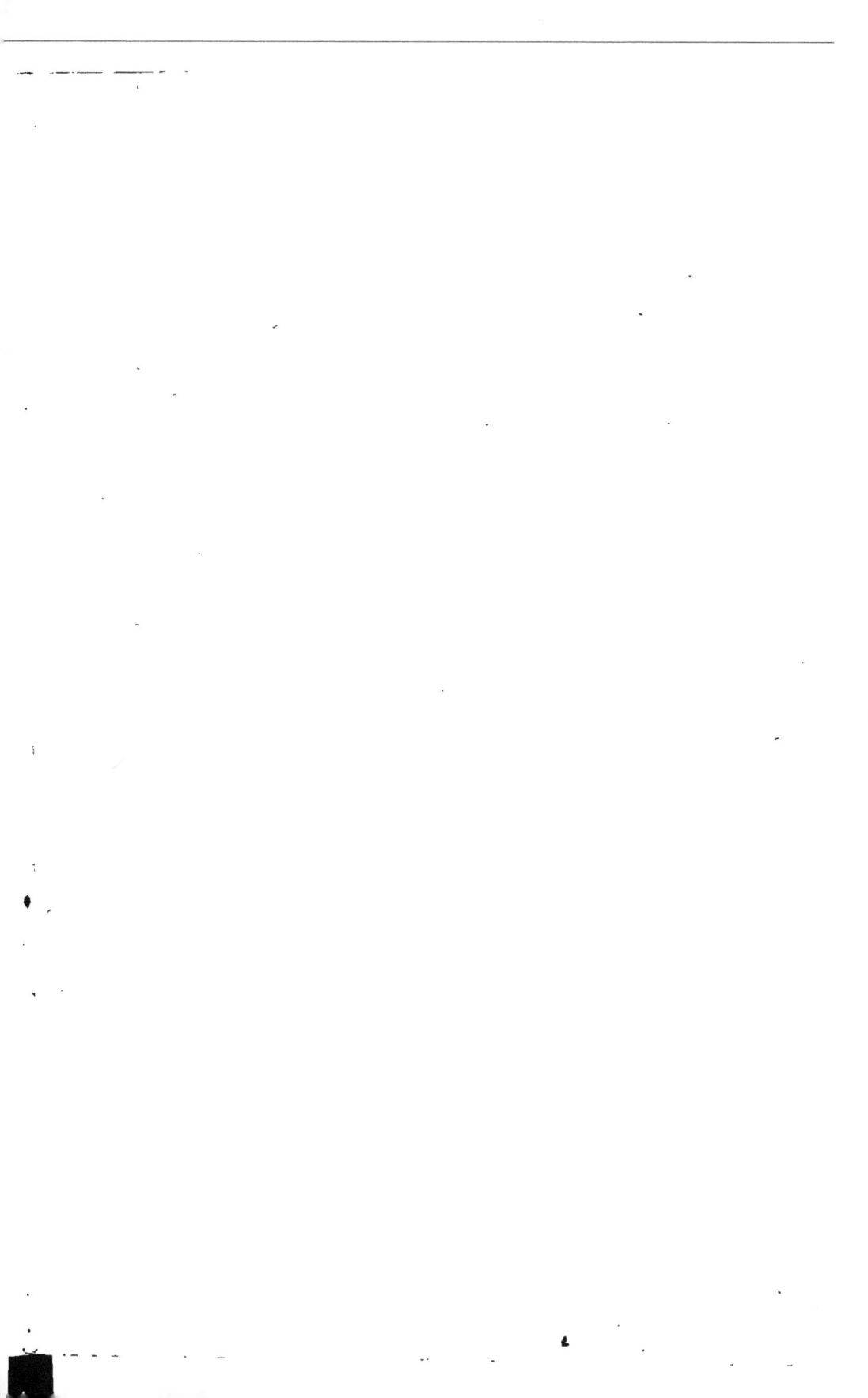

$\overline{Tb}^{62}\ 17.$

ESQUISSE

DE L'HISTOIRE DU

MAGNÉTISME HUMAIN,

Depuis Mesmer jusqu'à 1848 ;

PAR

J. J. A. RICARD,

ANCIEN PROFESSEUR A L'ATHÉNÉE ROYAL DE PARIS,

Auteur de plusieurs Ouvrages Philosophiques.

EN VENTE :

A l'Institut Magnétologique,

Rue Judaïque, 20.

BORDEAUX.

1848.

Bordeaux. — Imp. de E. Mons, rue Arnaud-Miqueu, 3.

ESQUISSE

DE L'HISTOIRE DU

MAGNÉTISME HUMAIN,

DEPUIS MESMER JUSQU'A 1848.

———◆◆◆———

Nous devons la connaissance du Magnétisme humain à Antoine Mesmer, médecin
allemand, qui annonça ses idées sur les in-
fluences, dans la thèse qu'il soutint à Vienne
(Autriche), en 1766, pour obtenir le grade
de docteur en médecine.

Mesmer, après avoir étudié les phénomènes
de l'aimant et de l'électricité, pensa que le
fluide nerveux des animaux peut produire des
effets analogues à ceux que détermine le Magnétisme minéral, et d'autres effets dignes
de l'attention du philosophe.

Il vécut dans la retraite pendant douze années consécutives, pour se livrer spéciale-
ment aux travaux qu'il avait conçus dans le
but de fournir à l'humanité un nouveau moyen

de se préserver des maladies, de guérir les affections qui désolent la société, de développer chez l'homme des facultés supérieures.

Les recherches, les réflexions, les expériences du jeune docteur furent couronnées d'un succès tel, qu'il put hardiment annoncer aux savants une découverte admirable, tant sous le rapport du jour nouveau qu'elle jetait sur la philosophie, que sous celui des avantages immenses qu'elle présentait comme moyen thérapeutique.

Mesmer proposa donc aux savants de Vienne d'examiner sa doctrine, et de juger de la valeur des faits qu'ils pouvaient produire. Mais, au lieu de rencontrer les sympathies qu'il avait espéré trouver chez ses confrères et auxquelles il avait droit, il ne reçut d'eux que railleries et dédain.

Il opéra des cures surprenantes, constatées de la manière la plus authentique, chez des personnes que les célébrités médicales de l'université avaient déclaré incurables. Ces guérisons inespérées ne firent qu'envenimer la haine de ses ennemis, et il fut bientôt l'objet des persécutions les plus ignobles.

Cependant, Mesmer, plein de courage et de résolution, se rappela l'histoire des hommes de génie qui, tour-à-tour, ont illuminé les siècles passés, et tant d'exemples de la sottise humaine le consolèrent bientôt de ses chagrins. Eh quoi, disait-il, *Galilée* a expié sur la dalle d'un cachot le tort d'avoir voulu concilier la Bible avec Kopernik, il a été forcé de subir une condamnation infamante, et de renier apparemment ce qu'il savait être la vérité même, à ce point que ses lèvres laissèrent échapper ces mots : *è pur se muove,* au moment même où on lui imposait la loi si dure de déclarer que la terre ne tournait pas ! *Christophe Colomb,* le malheureux spolié par *Améric-Vespuce,* fut traité d'imposteur quand il eut annoncé la découverte qu'il avait faite du nouveau monde ! Cent autres esprits presque surhumains ont vidé le calice d'amertume que verse méchamment l'orgueil insensé à la raison vertueuse ! Le Christ lui-même a vu ses actes divins méprisés des hommes, et son corps mutilé, à cause de la morale que sa bouche avait prêchée ! Il n'est donc pas surprenant que l'on cherche à m'accabler sous le poids des calomnies les plus noires, des dénégations les plus mensongères !... Et il se détermina à lutter contre tous les obstacles que lui susciteraient ses perfides ennemis.

Après des luttes pénibles, Mesmer pensa
que son ingrate patrie était indigne du noble
présent qu'il lui avait vainement offert tant
de fois. Il résolut de quitter Vienne, et de
chercher, chez les peuples d'Europe, une
nation hospitalière au génie, à la vérité. Hé-
las ! il ne savait pas encore que les hommes
de toute l'Europe, de toute la terre peut-
être se ressemblent beaucoup ; que les pas-
sions haineuses se réveillent sur le simple
soupçon d'une vanité qui peut être blessée,
d'un intérêt qui peut être froissé, d'un pré-
jugé qui peut être détruit !

Mesmer quitta donc l'Autriche et se dirigea
sur Paris, cette capitale du monde civilisé,
de la science, des lumières de toutes sortes.
Il y arriva vers la fin de 1777, précédé d'une
réputation d'homme extraordinaire ; mais taxé
de charlatanisme par les uns, et considéré
comme savant consciencieux par le plus petit
nombre. Il s'établit à l'hôtel Bouret, place
Vendôme, où il fut en quelque sorte forcé de
monter un traitement magnétique, auquel
accoururent en foule gens de cour, gens de
robe, bourgeois et artisans.

Les résultats surprenants qu'il obtint fixè-
rent bientôt l'attention des personnages les
plus éminents. La reine elle-même, Marie-

Antoinette, s'intéressa au succès de son compatriote, et lui écrivit pour lui offrir une pension de trente mille livres, et une terre considérable près de Paris, à la seule condition qu'il formerait trois élèves capables d'opérer par son moyen, et d'en propager la connaissance en France.

Tout autre que Mesmer eût probablement accepté des offres si généreuses ; quant à lui, il ne jugea pas convenable de souscrire aux conditions de la reine. Il répondit à cette princesse, par une lettre aussi respectueuse que rationnelle, qu'il n'avait pas l'intention de se fixer en France ; qu'en venant dans ce pays, il n'avait eu en vue autre chose que de voir sa découverte justement appréciée par les corps savants ; que, si ces derniers voulaient examiner sa doctrine, suivre ses expériences, et reconnaître hautement la vérité qu'il annonçait, il se soumettrait alors à tous les sacrifices qu'on exigerait de lui ; mais que, dans le cas où les savants français dédaigneraient d'étudier son système, il irait porter ailleurs le fruit de ses travaux.

Etait-ce là le langage d'un charlatan, d'un homme avide, d'un fourbe ?...

Mesmer possédait une fortune patrimoniale qui, ainsi qu'il le disait souvent, ne faisait

pas dépendre ses résolutions de sa faim ou de
sa soif. Plutus l'avait comblé de ses dons,
pour l'aider à lutter contre ses détracteurs.

Ce qui avait dicté à Mesmer sa réponse à
Marie-Antoinette, n'était certes ni vanité, ni
caprice, ni dédain. Mais il avait le cœur serré
de la façon peu délicate dont l'avaient accueilli
la société royale de médecine et la société
royale des sciences, à chacune desquelles il
avait adressé un mémoire sur le Magnétisme,
mémoire où il exposait sa doctrine en vingt-
sept propositions aussi admirables par leur
laconisme que par leur haute portée philoso-
phique, et lequel n'avait pas valu à son auteur
le mince honneur d'une réponse bienveil-
lante.

Mesmer resta encore quelque temps à Paris,
après sa correspondance avec la reine. Il avait
donné à Deslon, docteur régent, premier médecin du comte d'Artois, quelques notions sur
sa découverte; il venait de terminer quelques
cures des plus prodigieuses; il partit pour Spa
avec l'intention de ne plus revoir la France.

A peine le novateur fut-il installé dans la
petite cité où la mode d'alors amenait chaque
année un grand concours d'étrangers avides
de plaisirs bien plus qu'amateurs des eaux sa-
lutaires qui servent de prétexte à la plupart

des oisifs, qu'il fut informé que le gouvernement français venait de prendre une décision incroyable relativement à sa découverte. Le roi Louis XVI venait de nommer une commission de savants chargée d'examiner la doctrine de Mesmer, les faits et expériences du Magnétisme humain, et de fournir un rapport concluant.

Chose étrange ! ce n'est pas Mesmer qui fut chargé d'opérer en présence de la commission ; mais Deslon, son disciple imparfait, l'homme qui ne savait encore que l'a-b-c de la doctrine, et qui en était à son noviciat quant à la pratique du Magnétisme.

Un tel déni de justice de la part d'un gouvernement assez aveugle ou assez fourbe pour agir ainsi, et de la part d'une commission assez peu sévèrement équitable pour accepter un tel mandat, et encore de la part d'un médecin, d'ailleurs instruit et estimé, assez peu délicat pour pousser la vanité au point de se poser au lieu et place de son maître, un tel déni de justice de la part de tous ces hommes envers le savant étranger fut, à ce qu'affirme Mesmer, la cause de ses plus profonds chagrins.

La commission du gouvernement était composée, il est vrai, d'hommes dont les noms présentaient une garantie scientifique aussi grande qu'on le pouvait désirer en France, mais, encore un coup, ces hommes, quelque dignes d'estime qu'ils fussent, avaient eu le tort grave d'oublier que Mesmer *seul* était capable de présenter convenablement sa doctrine, et surtout d'en démontrer la réalité par des faits qu'il n'était pas donné à son élève au berceau de produire d'une manière saisissante.

Voici les noms illustres des commissaires du roi : Franklin, Lavoisier, Darcet, Bailly et Jussieu. Les quatre premiers suivirent avec peu de soins les expériences trop faibles de Deslon ; l'impatience les gagna, et ils firent au roi un rapport peu favorable au Magnétisme. Jussieu, lui, qu'un plus grand désir de pénétrer la vérité avait rendu plus attentif, plus patient que ses confrères, avait rencontré quelques faits entre mille, dont le caractère particulier lui avait suffisamment prouvé que les prétentions de Mesmer étaient fondées solidement. Il se sépara des autres commissaires, et fit seul un rapport contradictoire dont les conclusions étaient tout en faveur du Magnétisme.

Cette contradiction dans la commission dénote assez l'inquiétude dont les esprits se trou-

vaient alors occultement affectés. On était en
1784; de grands événements politiques se
préparaient sourdement; la plupart des commissaires avaient sans doute le noir pressen-
timent d'une révolution effrénée et régicide,
qui, au milieu des choses grandes et subli-
mes, viendrait au nom de la raison, de la li-
berté, de l'égalité, se gorger du sang de ses
amis aussi bien que de celui de ses adversaires, et ravir l'existence à ses propres auteurs,
à ses défenseurs les plus dévoués. Bailly, le
savant Bailly, chargé de rédiger le rapport
sur le Magnétisme, présentait peut-être, en
écrivant cet acte, la fin tragique qui l'atten-
dait.

Cependant les amis que Mesmer avait lais-
sés en France s'agitaient de toutes parts pour
soutenir le Magnétisme, tandis que les esprits
sceptiques ou railleurs n'épargnaient au novateur et à ses partisans aucune injure, aucune
moquerie, aucun persifflage. Bientôt les disputes devinrent si fréquentes entre les deux
camps opposés, que toutes les librairies de
Paris eurent à débiter des centaines de bro-
chures diverses, pour, contre, ou sur la
science annoncée par le médecin allemand.
Au milieu de ce déluge d'écrits, quelques
hommes sages et prudents, comme chaque

siècle en fournit un trop petit nombre, ré-
solurent de faire une démarche au près de
Mesmer, afin de l'engager à revenir à Paris, à y faire un cours de Magnétisme, et
à y reprendre ses traitements. Ce fut le ban-
quier Kornmann, d'accord avec le célèbre
avocat Bergasse, avec Despréménil, le marquis de Puységur, le prince de Soubise et
beaucoup d'autres personnages de distinction, qui se chargea d'écrire à Mesmer les
propositions suivantes :

Revenez à Paris, disait Kornmann, au milieu de véritables amis ; ne vous occupez plus
des menées de vos antagonistes, le temps et
les circonstances feront justice de toutes les
misérables tracasseries que vous suscite l'esprit de mensonge dont on s'est armé pour vous
combattre. Revenez, je vous offre, au nom
d'une société d'élite, des promesses de laquelle je me porte garant : cent élèves au
moins, à raison de cent louis chacun ; m'obli-
geant personnellement à vous compléter la
somme de deux cent quarante mille francs,
si le montant de la souscription que prépa-
rent, en faveur de la propagation de votre
doctrine, les amis du progrès et de l'humanité, ne s'élevait pas à ce chiffre. Vous nous
ferez votre cours de Magnétisme comme vous

l'entendrez, nous avons foi en votre loyauté
et en vos lumières.

Ce témoignage de sympathie toucha vivement Mesmer, qui souscrivit immédiatement
à ces propositions. Un cours fut donc ouvert
à Paris. Il y eut cent quarante souscripteurs
au lieu de cent, et ce nombre, déjà considérable, se trouva encore augmenté de plusieurs
médecins des provinces, de qui Mesmer ne
voulut recevoir aucune rétribution, vu leur
peu de fortune. Il fit même à quelques-uns
d'entr'eux, avec une délicatesse admirable,
présent de leurs frais de voyage et de séjour
à Paris.

Le cours du Magnétisme terminé, une foule
de personnages se mirent à pratiquer la science
nouvelle avec un zèle infatigable; on remar-
qua M. le marquis de Puységur, dont la bonté
inépuisable appliquait incessamment le moyen
dont il venait d'être instruit à tous les malades qui réclamaient ses soins. M. de Puységur établit dans sa terre de Busancy, près
de Soissons, un traitement magnétique, auquel il y eut bientôt affluence.

Un jour que le marquis venait d'endormir
un de ses jardiniers, atteint d'une maladie de
poitrine, il ne fut pas peu surpris de voir celui-ci entrer dans un état singulier semblable

au somnambulisme. Ce malade, interrogé par
son maître, répondit à toutes les questions
avec une lucidité si surprenante, que le magnétiseur pouvait à peine en croire le témoignage de ses sens. A dater de ce jour, M. de
Puységur, qui pensait avoir fait, à son tour,
une découverte ignorée de Mesmer, ne songea
plus qu'à faire naître le somnambulisme chez
ses nombreux malades. Il écrivit à Mesmer,
qui se trouvait alors à Lyon, pour lui faire
part de l'objet de sa vive satisfaction. Mesmer
lui répondit une lettre fort instructive, dans
laquelle il lui disait que lui, Mesmer, n'a-
vait pas cru devoir donner à ses disciples
connaissance de l'état extraordinaire que détermine le Magnétisme chez certains individus, de peur qu'ils ne négligeassent les
applications directes du Magnétisme, pour
leur préférer les indications des somnambules, dont il ne faut user qu'avec réserve et
circonspection. Il ajoutait qu'il prévoyait bien
que ceux de ses élèves dont les efforts seraient
consciencieux pour la pratique, ne tarderaient
pas à déterminer cet état de somnambulisme;
mais qu'il avait préféré laisser aller les choses
ainsi, plutôt que de leur avoir montré des
phénomènes dont l'étrangeté sublime leur eût
peut-être paru toucher au charlatanisme.

Néanmoins, M. de Puységur rencontra des somnambules si clairvoyants, qu'il ne put résister au désir de faire connaître à ses amis le développement extrême qu'il avait provoqué des facultés de ses sujets.

On nia généralement d'abord le somnambulisme magnétique, comme on avait nié le Magnétisme lui-même. Toutefois, il se rencontra des savants équitables qui, après avoir été témoins d'expériences saisissantes, proclamèrent hautement la vérité.

Le charme nouveau que donnait le somnambulisme à l'étude du Magnétisme, valut à la doctrine de Mesmer un grand nombre de prosélytes. Des sociétés de magnétiseurs s'organisèrent de toutes parts, sous le nom de Sociétés harmoniques. Paris, Strasbourg, Bordeaux, Lyon, Bayonne, Nantes et beaucoup d'autres villes, furent témoins des succès de ces sociétés bienfaisantes, dont les membres travaillaient à l'envi au soulagement des malades et opéraient des cures merveilleuses.

Le Magnétisme, malgré ses détracteurs, était en pleine voie de progrès, lorsque la révolution éclata. Alors, il disparut, en quelque sorte, dans la tourmente des événements. Les magnétiseurs étant, pour la plupart, grands seigneurs, nobles, prêtres ou magistrats, ce ne fut que sous l'empire de Napoléon que la doctrine de Mesmer osa reparaître en France d'une manière ostensible.

M. le marquis de Puységur remonta ses traitements charitables, travailla à la réorganisation des sociétés harmoniques et publia ses observations. Le savant et modeste Deleuze, professeur d'histoire naturelle au Jardin des Plantes, s'adonna à la pratique du Magnétisme. Des médecins, des naturalistes, des physiciens, s'occupèrent activement de la découverte de Mesmer. Des jeunes gens mêmes, étudiants laborieux dans nos facultés, voulurent être initiés aux merveilles de la doctrine contre laquelle s'élevait encore tant d'incrédulité.

En 1820, un jeune étudiant en médecine, M. Jules Dupotet, proposa à ses professeurs de magnétiser sous leurs yeux. Sa proposition ayant été acceptée, il prouva dans l'Hôtel-Dieu, de Paris, que le moyen annoncé par Mesmer, loin d'être une chimère, est d'un effet thérapeutique incontestable. Il opéra des cures inespérées sur des malades réputés incurables par la médecine classique.

En 1825, un jeune docteur, M. Froissac, songea à provoquer la nomination d'une commission académique, pour examiner de nouveau et le Magnétisme et le Somnambulisme Magnétique. Après de longs et fastidieux débats au sein de l'académie de médecine, sur la question d'opportunité, cette société nomma, en 1826, une commission d'examen composée de MM. Bourdois de Lamothe, président; Fouquier, Guéneau de Mussy, Guersent, Itard, J. J. Leroux, Marc, Thillaye, et Husson, rapporteur.

M. Froissac s'adjoignit quelques magnétiseurs, et des expériences nombreuses furent faites et répétées pendant cinq années consécutives en présence des commissaires.

Cette fois, la commission prenait son temps pour que rien ne lui échappât de la vérité. Les précautions de défiance dont elle s'entoura avec une prudence et une sagesse dignes d'éloges, ne lui firent pas répudier les conditions nécessaires à la production des phénomènes anomaux du Magnétisme. Elle ne négligea aucun moyen pour juger sûrement de la valeur des faits, pour en apprécier les causes déterminantes et les résultats conséquents.

Voici, en résumé, les conclusions du rapport fait à l'académie royale de médecine, par M. Husson, au nom de la commission :

« Le Magnétisme a agi sur des personnes
» de sexe et d'âge différents.

» Le Magnétisme n'agit pas, en général,
» sur les personnes bien portantes.

» Les effets réels produits par le Magné-
» tisme sont très-variés.

» On peut conclure avec certitude que l'é-
» tat de somnambulisme existe, quand il
» donne lieu au développement des facultés
» nouvelles qui ont été désignées sous les
» noms de *clairvoyance*, *d'intuition*, *de*
» *prévision intérieure*, ou qu'il produit de
» grands changements dans l'état physiologi-
» que, comme *l'insensibilité*, *un accroisse-*
» *ment subit et considérable de forces*, et
» quand cet état ne peut être rapporté à une
» autre cause.

» Le sommeil provoqué avec plus ou moins
» de promptitude et établi à un degré plus
» ou moins profond, est un effet *réel*, mais
» non constant du Magnétisme.

» Il nous est démontré qu'il a été provoqué
» dans des circonstances où les magnétisés
» n'ont pu voir et ont ignoré les moyens em-
» ployés pour le déterminer.

» Il s'opère ordinairement des changements
» plus ou moins remarquables dans les per-
» ceptions et les facultés des individus qui

» tombent en somnambulisme par l'effet du
» Magnétisme.

» Quelques-uns, au milieu du bruit de con-
» versations confuses, n'entendent que la
» voix de leur magnétiseur ; plusieurs répon-
» dent d'une manière précise aux questions
» que celui-ci ou que les personnes avec les-
» quelles on les a mis en rapport leur adres-
» sent ; d'autres entretiennent des conversa-
» tions avec toutes les personnes qui les en-
» tourent ; toutefois, il est rare qu'ils enten-
» dent ce qui se passe autour d'eux. La plu-
» part du temps, ils sont complétement étran-
» gers au bruit extérieur et inopiné fait à leur
» oreille, tel que le retentissement de vases
» de cuivre vivement frappés près d'eux, la
» chute d'un meuble, etc.

» Les yeux sont fermés, les paupières cè-
» dent difficilement aux efforts qu'on fait
» avec la main pour les ouvrir. Cette opéra-
» tion, qui n'est pas sans douleur, laisse
» voir le globe de l'œil convulsé, et porté
» vers le haut et quelquefois vers le bas de
» l'orbite.

» Quelquefois l'odorat est comme anéanti.
» On peut leur faire respirer l'acide muriati-
» que et l'ammoniaque, sans qu'ils soient
» incommodés, sans même qu'ils s'en dou-

» tent ; le contraire a lieu dans certains cas, et
» ils sont sensibles aux odeurs.

» La plupart des somnambules que nous
» avons vus étaient complétement insensi-
» bles ; on a pu leur chatouiller les pieds,
» les narines et l'angle des yeux par l'appro-
» che d'une plume, leur pincer la peau de
» manière à l'ecchymoser, la piquer sous l'on-
» gle avec des épingles enfoncées à l'impro-
» viste à une assez grande profondeur, sans
» qu'ils aient témoigné de la douleur, sans
» qu'ils s'en soient aperçus. Enfin, on en a vu
» une qui a été insensible à une des opéra-
» tions les plus douloureuses de la chirur-
» gie (1), et dont ni la figure, ni le pouls, ni
» même la respiration, n'ont dénoté la plus
» légère émotion.

» Nous avons constamment vu le sommeil
» ordinaire, qui est le repos des organes, des
» sens, des facultés intellectuelles et des
» mouvements volontaires, précéder et ter-
» miner l'état de somnambulisme.

» Nous avons vu des somnambules distin-

---

(1) Madame Plantin, magnétisée par M. le docteur Cha-
pelain, et opérée par M. Jules Cloquet d'un cancer ulcéré
qu'elle portait au sein droit depuis plusieurs années.

» guer, les yeux fermés, les objets que l'on
» a placés devant eux; ils ont désigné, sans
» les toucher, la couleur et la valeur des car-
» tes; ils ont lu des mots tracés à la main, ou
» quelques lignes d'un livre que l'on a ou-
» vert au hasard. Ce phénomène a eu lieu
» alors même qu'avec les doigts on fermait
» exactement l'ouverture des paupières.

» Nous avons rencontré chez des somnam-
» bules la faculté de prévoir des actes de
» l'organisme plus ou moins éloignés, plus
» ou moins compliqués.

» L'un d'eux a annoncé plusieurs jours,
» plusieurs mois d'avance, le jour, l'heure
» et la minute de l'invasion et du retour d'ac-
» cès épileptiques; l'autre a indiqué l'époque
» de sa guérison. Leurs prévisons se sont
» réalisées avec une ponctualité remarqua-
» ble.

» Nous n'avons rencontré qu'une seule
» somnambule qui ait indiqué les symptômes
» de la maladie de trois personnes avec les-
» quelles on l'avait mise en rapport.

» Considéré comme agent de phénomènes
» physiologiques ou comme moyen thérapeu-
» tique, le Magnétisme devrait trouver sa
» **place dans le cadre des connaissances mé-**
» **dicales.**

» La commission n'a pu vérifier, parce
» qu'elle n'en a pas eu l'occasion, d'autres fa-
» cultés que les magnétiseurs avaient an-
» noncé exister chez les somnambules; mais
» elle a recueilli et elle communique des faits
» assez importants pour qu'elle pense que
» *l'Académie devrait encourager les re-*
» *cherches sur le Magnétime comme une*
» *branche très-curieuse de psychologie et*
» *d'histoire naturelle.*

» Arrivée au terme de ses travaux, avant
» de clore ce rapport, la commission s'est
» demandé si, dans les précautions qu'elle
» a multipliées autour d'elle pour éviter toute
» surprise , si dans le sentiment de constante
» défiance avec lequel elle a toujours pro-
» cédé ; si, dans l'examen des phénomènes
» qu'elle a observés, elle a rempli scrupuleu-
» sement son mandat. Quelle autre marche ,
» nous sommes-nous dit, aurions-nous pu
» suivre ? Quels moyens plus certains au-
» rions-nous pu prendre ? De quelle défiance
» plus marquée et plus discrète aurions-
» nous pu nous pénétrer ? Notre conscience,
» Messieurs, nous a répondu hautement
» que vous ne pouviez rien attendre de nous
» que nous n'ayons fait. Ensuite, avons-
» nous été des observateurs probes, exacts,

» fidèles ? C'est à vous, qui nous connaissez
» depuis longues années ; c'est à vous, qui
» nous voyez constamment près de vous, soit
» dans le monde, soit dans nos fréquentes as-
» blées, de répondre à cette question.

» Demeurez bien convaincus que ni l'a-
» mour du merveilleux, ni le désir de la cé-
» lébrité, ni un intérêt quelconque, ne nous
» ont guidés dans nos travaux. Nous étions
» animés par des motifs plus élevés, plus di-
» gnes de vous, par l'amour de la science, et
» par le besoin de justifier les espérances que
» l'académie avait conçues de notre zèle et
» de notre dévoûment.

» Ont signé : *Bourdois de Lamothe*, pré-
» sident ; *Fouquier, Guéneau de Mussy,*
» *Guersent, Itard, J. J. Leroux, Marc,*
» *Thillaye, Husson*, rapporteur. »

L'académie, qui, malgré les manifestations
inconvenantes d'une hostilité non motivée de
quelques membres contraires au Magnétisme,
avait écouté attentivement la lecture du savant et judicieux rapport de ses commissaires, resta tout ébahie au récit de faits si surprenants !

La victoire éclatante remportée par la vérité sur le scepticisme eût dû certes accrédi-
ter le Magnétisme à tout jamais ; des chaires

eussent dû être instituées dans nos facultés en faveur de la plus importante des découvertes modernes ; mais trop d'intérêts auraient été froissés. L'académie ensevelit dans ses cartons le rapport qui proclamait la lumière, et s'abîma dans une léthargie profonde !

Le public, ignorant les travaux de la commission, et habitué à suivre l'opinion qu'il croit être celle des élus de la fortune, continua à croire que les savants dédaignaient incessamment le Magnétisme, et, par conséquent, il ne songea pas même à s'occuper de cette science.

Cependant, les magnétiseurs, loin de s'endormir sur leurs lauriers, continuaient leurs expériences et publiaient leurs travaux ; mais que pouvaient quelques praticiens isolés, ne produisant des faits que dans quelques cercles restreints, et ayant à lutter contre la mauvaise foi, la cupidité, le fanatisme même ?....

En 1837, le Magnétisme semblait être oublié de nouveau à Paris, quand, sur la provocation inutile d'un jeune médecin, M. Berna, l'académie de médecine nomma une nouvelle commission pour examiner de nouveau le Magnétisme ou plutôt le Somnambulisme, car M. Berna avait fourni un programme des expériences qu'il se proposait de faire sur des somnambules, et n'annonçait pas devoir magnétiser d'autres individus.

Cette nouvelle commission fut composée des hommes les plus hostiles au Magnétisme, à un ou deux membres près, que l'on pouvait justement taxer d'indifférence. MM. Roux, Bouillaud, Hypolite Cloquet, Emery, Pelletier, Caventou, Cornac, Oudet et Dubois (d'Amiens), étaient commissaires. Or, MM. Roux et Bouillaud s'étaient bien des fois élevés contre les partisans du Magnétisme, en prétendant qu'ils n'étaient que des rêveurs, s'occupant de *bêtises!* M. Hypolite Cloquet, contrairement à l'opinion de son frère M. Jules Cloquet, témoignait tout haut de son scepticisme ; MM. Emery, Pelletier et Caventou étaient plus contraires que favorables ; M. Cornac s'était montré plus d'une fois l'ennemi juré de la doctrine de Mesmer ; M. Oudet était persuadé de la réalité du Magnétisme, car il avait opéré une dame, qui, grâce à l'agent magnétogène, ne s'était pas même aperçue de l'opération ; mais il y avait chez lui une indifférence apathique qui ne pouvait pas faire espérer qu'il chercherait à combattre les assertions de ses confrères, quelles qu'elles fussent ; enfin, M. Dubois (d'Amiens), le rapporteur, avait écrit et publié des attaques aussi déloyales que venimeuses contre le Magnétisme et les magnétiseurs.

M. Berna, dans son zèle honorable, était d'une franchise trop confiante, d'une naïveté trop loyale, sinon trop candide, pour récuser de tels juges. Il eut l'imprudence de se livrer aux commissaires, et d'essayer devant eux à remplir le programme qu'il avait fourni. Contrarié, dès les premières épreuves, par ses examinateurs, il échoua dans beaucoup de tentatives. Néanmoins, des expériences réussirent, qui auraient prouvé irréfragablement, à tout aréopage de bonne foi, la réalité du Somnambulisme magnétique, et d'un développement extrême, dans cette crise, des facultés de l'état de veille.

Le 7 Août 1837, M. Dubois (d'Amiens) eut le doux plaisir de lire à l'académie un prétendu rapport dont chaque paragraphe porte le sceau du raisonnement le plus absurde, de l'ironie la plus inconvenante, de la mauvaise foi la plus insigne, et dont les conclusions mensongères sont en tout contraires et à M. Berna et au Magnétisme.

M. Berna protesta par la lettre suivante :

« MONSIEUR LE PRÉSIDENT,

» Je proteste devant l'académie contre le

» rapport qu'elle a entendu tout récemment
» sur le Magnétisme animal. Je reproche à ce
» rapport de défigurer les faits qu'il men-
» tionne ; de taire les plus importants ; de
» dissimuler la conduite de la commission,
» de représenter celle-ci comme imaginant,
» et moi comme repoussant des mesures dont
» j'avais fait au contraire, et le premier, mes
» conditions essentielles ; j'accuse enfin ce
» rapport d'être un tissu d'artifices et d'insi-
» nuations qui ont pour conclusion implicite
» que j'ai voulu tromper l'académie.

» Je déclare que les expériences dont la
» commission a été témoin ne sont que le
» commencement de celles que je me propo-
» sais de faire sous ses yeux ; je déclare, sur
» l'honneur, que je n'ai renoncé à lui en mon-
» trer d'avantage, que parce qu'elle a cons-
» tamment violé l'engagement qu'elle avait
» pris de se conformer à mon programme, et
» principalement à la condition bien débat-
» tue, il est vrai, mais aussi bien formel-
» lement acceptée, de rédiger, lire et recti-
» fier les procès-verbaux séance tenante.

» La nécessité où je me trouve de faire à
» l'instant même cette protestation ne me per-
» met pas de plus longs développements ;
» mais j'adresserai bientôt à l'académie une

» réfutation complète qui sera appuyée sur des
» pièces irrécusables, sur les termes mêmes
» du rapport, sur certains aveux qu'il ren-
» ferme, sur la nature de la conviction que
» ses commissaires ont apporté à leur mis-
» sion, et sur l'impuissance de tant d'adresse,
» d'aussi nombreuses infidélités, à édifier au-
» tre chose qu'un soupçon fugitif.

» J'ai, etc.

» Signé BERNA,

» Docteur-médecin de la faculté de Paris. »

L'indignation que souleva dans les cœurs
honnêtes l'étrange conduite de M. Dubois
(d'Amiens) porta le respectable M. Husson à
prendre la défense de M. Berna, et à démo-
lir, pièce à pièce, le grotesque édifice de son
bilieux collègue.

C'est au milieu des discussions, on pourrait dire des disputes, suscitées par les ma-
nœuvres de M. Dubois (d'Amiens), qu'un
autre membre de l'académie, M. Burdin
jeune, proposa un prix de trois mille francs
pour la personne qui pourrait lire sans le secours des yeux et sans lumière, limitant à
deux années le temps des épreuves.

A l'occasion de ce défi, plusieurs magnétiseurs écrivirent à l'académie pour proposer

des expériences de nature à prouver la réalité de la vision malgré l'occlusion des yeux. Moi-même, qui avais alors à ma disposition quelques somnambules très-lucides, j'écrivis que si le somnambule magnétique pouvait désigner des objets séparés de ses yeux par l'interposition d'un corps opaque, soit renfermés dans une boîte d'épais carton, et placés de manière à ne pouvoir donner aucune indication au sujet, le but de M. Burdin devrait, selon moi, se trouver rempli; la preuve de la réalité de ce phénomène devrait lui être acquise.

M. Pariset, secrétaire perpétuel, me répondit, au nom de l'académie, que les expériences que j'offrais de faire n'étant pas conformes aux conditions du programme de M. Burdin, je ne pouvais être admis à concourir.

M. le docteur Pigeaire, de Montpellier, possédait une somnambule (sa propre fille, Mlle Léonide Pigeaire, alors âgée de onze ans), lisant malgré l'occlusion des yeux, pourvu que l'écrit à être lu fût éclairé. Il avait convaincu de la réalité des facultés de sa fille plusieurs professeurs de la faculté de Montpellier, notamment M. Lordat, le doyen, qui n'avait pas hésité à certifier par écrit ce dont il avait été témoin.

M. Pigeaire adressa à l'académie un mémoire sur le Magnétisme et sur les faits de Somnambulisme que présentait sa fille. Ce mémoire fut lu à la savante société par M. Bousquet, l'un de ses secrétaires, qui y joignit le certificat de M. Lordat.

M. Pigeaire demandait que le programme de M. Burdin fût modifié, relativement aux conditions dans lesquelles le phénomène de vision somnambulique se manifestait chez sa fille.

Dans la séance du 20 Mars 1838, M. Burdin annonça à l'académie qu'il consentait à modifier son programme. Ainsi, au lieu d'exiger du sujet qu'il lût *sans le secours des yeux, de la lumière ou du toucher,* il fut accordé *que les objets seraient éclairés,* et que le somnambule pourrait *promener ses doigts sur une feuille de verre posée sur les mots à être lus.*

Le mode d'occlusion des yeux avait été déterminé par M. Pigeaire. Un bandeau, composé de trois épaisseurs de velours noir, devait être appliqué sur les yeux, et collé exactement à la peau, de manière à ne point permettre aux rayons lumineux d'arriver à l'organe anatomique de la vue.

Il fut arrêté que M. Pigeaire pourrait expérimenter en présence de la commission nommée à l'occasion de la proposition Burdin.

En conséquence, M. le docteur Pigeaire se rendit à Paris avec sa famille; et afin de s'assurer de nouveau de la lucidité de sa fille (qu'un voyage long et pénible eût pu déranger), il fit chez lui quelques expériences préparatoires. Plusieurs savants et un assez grand nombre de personnages de distinction eurent la faveur d'assister à ces séances, dans lesquelles Mlle. Pigeaire lisait admirablement dans le premier ouvrage venu, ayant la vue recouverte d'un bandeau de velours noir, collé à la peau par son bord inférieur, de manière que la lumière ne pouvait aucunement arriver aux yeux. La plupart des personnes qui ont vu le fait l'ont certifié par écrit. MM. Orfila, Bousquet, Ribes, Reveillé-Parise et plusieurs autres médecins distingués ont signé les procès-verbaux qui attestent le fait de la lecture malgré l'occlusion des yeux et sans le secours du toucher.

Au moment où M. Pigeaire se disposait à présenter sa somnambule à la commission académique, les renards trouvèrent le moyen de l'embarrasser tellement, qu'il dut renoncer à faire des expériences devant eux. Le bandeau de M. Pigeaire, qu'ils n'avaient jamais

vu appliquer, n'était pas, dirent-ils, suffisant
pour empêcher d'y voir; donc, M. Pigeaire
ne devait pas s'en servir, mais il devait con-
sentir à encaisser la tête de son enfant dans
une sorte de masque confectionné exprès par
MM. les commissaires.

Ceux qui ont quelque connaissance du Magnétisme et de ses effets doivent comprendre
toute la portée de cette conduite. Aussi, M.
Pigeaire se retira-t-il sans vouloir même essayer l'application de l'appareil qui lui était
offert.

Il est à remarquer qu'aucun des commissaires n'a jamais vu Mlle Pigeaire. Eh bien ! le
croira-t-on ? MM. nos adversaires trouvèrent
le moyen de faire annoncer, par les feuilles
publiques, la non réussite en leur présence des
expériences de Mlle Pigeaire, ce qui impli-
quait nécessairement la tentative de ces expériences. Qu'on juge à présent de la loyauté
de ces hommes si éminents, dont la morgue
en impose si puissamment au vulgaire imbé-
cile.

M. le docteur Pigeaire, rendu à sa tran-
quillité, a publié un livre dans lequel il donne
exactement tous les détails qui se rattachent
à son histoire.

M. le docteur Frapart, de son côté, a

lancé dans le monde des lettres fort spirituel-
lement écrites, dans lesquelles il traite grands
et petits selon leurs mérites.

Le Magnétisme sembla s'éteindre encore
une fois sous le mauvais vouloir de ses adversaires.

Cependant, je m'efforçais incessamment
de propager la science dont je m'étais fait
apôtre.

J'eus la hardiesse d'ouvrir au centre de
Paris des cours publics de Magnétologie, et
je fus assez heureux pour attirer à mes expériences quotidiennes les personnages les plus
distingués. Mon but était de forcer, par l'opinion générale, l'incrédulité à s'avouer vaincue,
et de réduire la mauvaise foi à la dernière
extrémité. J'étais déjà directeur du *Journal
du Magnétisme*, à la rédaction duquel je
coopérais ; je résolus de publier en outre les
ouvrages que j'avais composés et ceux dont
j'avais conçu le plan.

Au mois d'Avril 1840, j'eus l'honneur d'être
nommé Professeur titulaire de Magnétologie
à l'Athénée royal de Paris, où je me trouvais
avoir pour collègues MM. Babinet, de l'Ins-
titut, Tavernier, Raspail, etc.

Là, le Magnétisme eut un succès tel, que
la vaste salle des cours de l'Athénée était tou-

jours trop étroite pour contenir la foule qui
assiégeait les portes à l'heure de mes séances.
Les expériences que je faisais incessamment
rejetaient sur mes détracteurs tout le ridicule
dont ils cherchaient à m'accabler dans le
monde. Peu ambitieux, peu confiant en la
loyauté des académies, je n'ai jamais voulu
opérer devant les corps savants, persuadé
que la mauvaise foi serait opposée à ma franchise.

Depuis quatre ans surtout, époque à laquelle se jugea en Cour de cassation un procès célèbre, à l'occasion du Magnétisme et du
Somnambulisme, procès dans lequel les juges suprêmes donnèrent gain de cause au
magnétiseur et à la somnambule qu'on avait
indignement attaqués, la doctrine de Mesmer a fait d'immenses progrès. Aujourd'hui,
on s'occupe de Magnétisme dans les salons
les plus distingués; toutes les classes de la
société sont avides de connaître les phénomènes si surprenants et si admirables du Somnambulisme; des cours sont professés de
toutes parts, et l'on voit s'adonner à la pratique de la science reine, grands seigneurs et
grandes dames, bourgeois et bourgeoises, savants et gens de lettres, et bientôt personne
ne voudra rester étranger à la connaissance

d'une chose par laquelle on peut rendre les plus grands services à sa famille, à ses amis, à tous les êtres souffrants, et qui fournit à l'esprit mille sujets intéressants d'un attrait irrésistible.

FIN.